素茗堂

茶闻世界

茶席摆设

茶阅世界·素茗堂 编著

江苏凤凰文艺出版社
JIANGSU PHOENIX LITERATURE AND
ART PUBLISHING, LTD

序

茶之乐趣

我第一次知道茶并开始茶生活大概是在20世纪70年代中期，当时，周围很难找到喝茶或是可以称得上过茶生活的人们。那时的我正陶醉于茶花和陶瓷，在全国到处寻访陶工匠们。当我听到朋友这样一席话语时，"日本的茶人们多来采购我们的茶碗，他们是因为想和我国的茶人们进行沟通和交流，但是寻遍千里也很难找到过茶生活的人，这不能不令人担忧。像金老师这样对花和瓷器有一定眼光的人若能进行茶研究，应会很不错，试一试茶道吧。"

为此，我们夫妇二人彻夜难眠，陷入了苦恼当中。就这样，当黎明拂晓之时，我和丈夫做出了"先开始试试"的决定，就这样我们的茶生活随之开始了。40年光阴转瞬而逝，若说长，的确是一段漫长的岁月，这其间发生了不少事情，学会了很多东西，见了很多人，也受到了适当的招待与赞扬。但最重要的，是我在与茶为伴的这段岁月极其

幸福，因为幸福才可以一直前行，因为幸福才可以竭尽全力，也因为幸福才得以传播茶文化。到现在，我仍然可以自信地说，我是最幸福的茶人之一。那么，到底茶是什么，茶生活又是怎样的，能够让我如此幸福而自信呢？

其一，通过茶，我守护了自己。无论何时、何地，都将我的身心、行动甚至哲学思想融入到茶水之中，在那里，我得以坚强地守护我自己。正是因为这些，今天的我才不会失去初心，不会丢失平静，也相对较少受到喜怒哀乐的制约，才能成就今天的自己。之所以能比别人学得更多，笑得更美，走得更远，教得更好，用得也更广，这都受益于我喝过的数万杯茶。

其二，通过茶，我学会了很多。在开始学习茶文化的同时，我也对我们的传统文化有了本质上的了解，深深地陶醉在与茶文化有关的各种艺术世界里，涉猎于服装、饮食、音乐、图画、表演、茶桌摆设及宴会文化等众多领域，不仅对邻国文化，而且也对欧洲和非洲文化产生了兴趣。

其三，茶守护了我的生活圈。虽然比别人更忙碌地生活，但我并没有因此而发生家庭问题或是与亲戚、邻居疏远等，反而是通过喝茶让我交到了更多的邻居与朋友，与他们的关系就像浓浓的茶水一样圆润而自然。在需要与人进行交流与沟通时，茶成了最有滋味的沟通饮料。

其四，茶赋予给我美好的想法与生活。在喝茶的同时，真正的美也随之映入眼帘，我领悟到了用空缺去填充的美学原理，知晓了协调与均衡的表现美，学会了在传统与现代文化的相互依托中去开拓、引导未来的全新设计。知道了不固执、不偏见，用开放的眼界去看待这个世界时才能感受到真正的世界之美。得益于此，我得到了贫穷之时不失本色的智慧，具有了在匮乏之时也能够充裕分享的从容，学会了区分朴素与丑陋的东西。

我所追求的目标只有一个，就是让更多的人学习并精通茶文化，让这个世界变得更明亮、更美丽、更干净和更平和。最后，衷心希望能有更多的人认同茶的魅力，也希望茶文化能够得到日新月异的发展。

茶阅世界·素茗堂

朴天铉　金泰延

前　言

茶自久远的古时起就与人类的生活紧密相关，有人说从神农时期开始就已经产生，但神农并非实际存在的传说中人物。若以此为依据追根溯源，则茶在文字、制度、政治或宗教产生之前就已经走进人们的生活当中。历经数千年光阴的流逝，茶走出中国，影响到以韩国和日本为代表的东亚国家，并最终越过欧洲，传播到世界各地。目前，可以说几乎没有不存在茶的国度，没有不喝茶的民族，茶俨然已经成了世界上最受欢迎的饮料。

正因为茶具有如此强烈的魔力，欧洲人才会为了寻找它而不顾战争，美国人则不惧叛乱，英国人探险印度内腹一意孤行地进行了茶树的栽培试验。这些都是因茶而引发的事件，改变了数十亿人口的日常生活，也影响了世界历史的进程。

茶的魅力自然延伸出其持久的生命力，这种生命力通常与茶所具备的自身特质（即色、香、味）有所关联。众所周知，茶具有美丽的色泽，拥有丝丝幽深的香气，含有甜甜醉人的味道，这样的饮料世上何处去寻？再者，茶水能使人身心健康，充满智慧，这是酒或咖啡之类饮料无法与之伦比的。茶不仅能够激活五大感官，更是维系身心的健康饮料，试想想，又有哪个朝代、哪位圣人君子能够远离茶水呢？

在这本传播传统文化的作品面前，我们一度为书中华美而有格调的茶席设计叹为观止。除了可以欣赏到绿茶、红茶、青茶、花茶和普洱茶等各种精心摆设好的茶席之作外，还能欣赏到雅致的茶室、卓越的器物和丰富的茶艺。

遵循传统，但不停止追求全新的尝试，希望我们的付出能够传递给茶人们，再通过茶人们向更多的朋友展示魔幻般的茶席，给世界浸染一抹茶香，这是我们追求的目标。如果能因此让世界多一点美好，这将是最有价值的事情。

编者

2017 年 6 月 1 日

目 录 contents

PART 1 茶席摆设的协调与搭配 013

PART 2 十大因素助你装饰完美茶席 019

PART 3 春季 033

装在青瓷器具里的爱 035

等待 036

春之香气 039

美过花的茶人 041

茶香怡人 043

恩情时光 045

明日胜今朝 046

逝去的故事 049

午间闲暇 051

茶香醉了 053

东西方的碰撞　055

点燃希望　057

用心品茶　059

暮夜灯盏下　060

爱的回音　063

告知春的到来　065

茶心　066

走进粉红色香气中　069

因茶而幸福　070

PART 4　夏季　073

相逢的祝福　075

舒适的朋友　077

走进隐隐茶香中　078

阿里山乌龙茶之香　080

迎客　082

正午小憩　085

蜜月茶桌　086

幸福的邀请　089

幸福家庭　091

同行　093

宽广胸怀　094

温柔的人有福气　096

和知心朋友一起　098

肯尼亚茶　101

凉茶静心　103

为了爱的人　104

幸福的我　107

浪漫银河　109

沉思　110

PART 5 秋季 113

诉说岁月的茶碗 115

闲暇小憩 116

庭院里充满茶香 119

朴素的茶室 121

品茶游戏 123

走向广阔的世界 125

落叶纷纷话秋天 127

漫长的岁月，与茶为友 128

亲热夫妇 130

一起的快乐 132

朋友，一起泡茶吧 135

跟着风，跟着云 136

商务茶礼 138

茶香万里 141

秋天的最后一个晚上 143

秋日的天边晚霞 145

秋日的女人 147

歌唱秋天 149

郊游 150

PART 6 冬季 153

往昔岁月 155

贵人自远方来 157

迎接新年　158

内室茶趣　160

高贵的冷艳　163

健康、平安　165

冬天小酌　166

冬日暖阳　168

陈茶的苏醒　171

新罗茶器　173

远离冬天的路口　175

什么故事这么多　177

停靠的港湾　178

茶碗里花开了　181

平安夜晚　182

最后的晚餐，喜悦的初始　185

节日晚餐　186

找寻愉悦　188

快乐圣诞节　190

PART 1

茶席摆设
的+协调与
搭配

1. 统一性原则

在构思并准备布置一个茶席的时候，应该考虑的要素到底有哪些？首先我们应该考虑时间和场所的位置，考虑客人的数量和聚会的性质；其次要考虑是坐席还是站席，并考虑茶的种类和茶具的种类；最后还要考虑茶花、桌布以及音乐或画轴等其他物件的摆设。当然，茶食、主人的服装和周边的氛围等均是需要考虑的范畴。

如此众多的要素决定了一个茶席的性质与内容，因此茶席设计者首先想到并应该铭记在心的就是统一性。构成茶席的要素很多，如果打乱了它们之间的统一性，则不利于寻求安定感。比方说，整体气氛是一种沉着而宁静的感觉，如果使用过亮、过于本色的大花作为茶花，则凸显的只有茶花，整体气氛将被完全打破。正因如此，所以常常会有因细小部分而破坏统一性原则的情况发生，例如在洋溢传统气氛的茶

席上使用西方茶会的茶食碟，或是在富有气派的西方红茶茶席上放置名副其实的传统茶食等。这并不是传统与现代的协调，而是一种破坏茶席统一性的设计，如果因照顾各个要素的统一却疏忽了细小部分，影响了整体茶室氛围，这是绝对不容许的。

2. 协调原则

在茶席摆设中，统一性固然重要，但若只讲究统一性，仍然很难设计出一个颇有格调的茶席。统一性很容易陷入单纯化和均一化的误区，因为实际上在茶席的所有要素之间，维系统一是极其困难的。因此，在设计茶席的时候，除了注重整体的统一性，同时还要兼顾多样元素之间的协调与均衡。也就是说，在构思时要力争将各要素做到最完美匹配。

按照协调的原则装饰茶桌时，首先应该重视的就是要有同时思考并观察全部要素的眼光。从准备茶席的周边环境开始，最后到茶杯垫的选择，在所有要素之间维系统一性、协调感与均衡感，并不是按照顺序一个一个进行思考就能解决的问题，设计者应该具有一眼预知全局的眼光。要想准备一个协调统一的茶席，最核心的要素就是茶席的"主题"是什么。只有定好主题，才会较容易考虑好在主题范围内凸显要素的重要性及各

要素之间的搭配。如果没有主题，茶席所需的各种器物任意选择，结果必然破坏协调原则。

今日的茶席，多是以日常生活需求为主，并非仪式所用，所以应该特别注重传统与现代、东方与西方、物质与精神的协调与匹配，就像好茶配好水才能品味真正的茶香一样，只注重一方而忽视另一方的茶席都是不可取的。在站席的桌子上要想设计传统茶席，当然也要融入西方和现代的要素，这样的茶席才能更精致，也更丰足。

3. 注重创造性

在确定主题的情况下，允许任何创造性的设计与情感交融，这就是茶席摆设的魅力所在。因为没有固定的原则或规则，所以很多人都抱怨茶席摆设太难，但事实并非如此。正是因为原则或规则太少，才会有茶席摆设上那种妙不可传的魅力，才可以发掘出生活中所欠缺的美感及应用。因此，创造与交融并不可怕，为了营造出更有创造力、更缤纷的茶席，需要每个人努力进行各种挑战。即使在同一场所，用同一主题准备同一种茶席，每个茶人都会展现出不同的茶席摆设。

浸染了茶香的茶人们一般都心静平和，崇尚"和、敬、清、寂"的茶道精神，他们经验不同、想法各异、审美也各不相同。正是如此，我们才有机会欣赏到彰显各人审美情趣的茶席摆设，大家都能够去享受充实而珍贵的茶生活。欧洲人之所以格外喜欢从中国传入的红茶，绝不是因为茶器比其他器皿使用更为简易方便。用一句话来概括，就是因为茶里蕴含了其他饮料所无法展现的一种全新雅趣与品位。以茶里所承载的精神要素及茶固有的美作为最突出的特征，如何更好地传递这种价值，是我们需要考虑的问题。

PART 2

十大因素饰席
助你装茶
完美茶席

1. 营造主题茶席

任何茶席都必然存在一个主题，主题越明确，摆设的茶席越色彩分明。根据主题不同，茶席大体上可以分为礼仪茶席与日常茶席。

（1）礼仪茶席。所谓礼仪茶席，就是指为特定仪式而准备的茶席，其中最有代表性的为古时宫中举行的进茶礼或是在寺院里进行的献茶礼。时至今日，不少茶人在进行祭祀时，以敬茶取代敬酒；信奉基督教的教徒则在家里准备追思礼拜的茶席，礼拜时必不可少的《圣经》等则放在茶席的中央。

另外，还有一种仪式茶礼跟生日有关，即祝贺生日的茶席。孩子出生、百天、周岁时，举行成人仪式、庆祝长辈生日时，又或者在一些简单场所举办祝贺的宴席时，这种家庭茶席一年之中至少要准备几次。子女升学或者毕业、就业时也会准备一些祝贺的茶席，以祝贺和纪念为主题的礼仪茶席，应根据主角的年龄及祝贺的内容等来进行准备。

与婚礼有关的茶席近年也颇受重视。订婚茶席或者婚宴茶席作为婚礼的一环，一般应保留传统气氛而做设计。国内的订婚仪式，考虑到更多都是一些简朴而带西方气息的，故与此有关的茶席也多按西方风俗而准备。

所以说，礼仪茶席的设计，必须要根据宴会的性质和氛围来展开，一定要遵循传统的固有观念，这才是正确之道，否则将带给人们不伦不类的感觉。其他宗教亦如此，本身都有着其固有的各种仪式，与此相关的茶席也应做相应准备。另外，也可以考虑一下与我们的传统四时风俗有关的茶席、进行新年聚会或者中秋节家人团聚的茶席等。

（2）日常茶席。日常茶席是指我们日常生活中所备的茶席，一般以愉悦心情、美化生活为目的，也是茶人们投入心思最多、苦恼更多的，因为它与我们的日常生活密切相关。日常茶席具体该如何确定主题呢？首先，应根据参加人员而决定。在制定茶席主题时，了解参加人员的年龄及他们之间的关系也是非常重要的。原则上，由准备茶席的主人事先定好主题再邀请与此相关的人员参加。日常茶席的设置，最需要注重的就是各元素的统一性、相互间的协调及交融，若事先没有主题，则其他原则也将随之失去存在意义。

2. 牢记六大原则

构思并设置茶席，意味着准备一次有主题的对话之宴，这就好比画一幅画儿，或者上演一部短篇电影，再或者写一篇带有故事情节的短篇小说。在这个过程当中，主人应该向客人展现一幅全新的面貌、一股新鲜的味道、一个新奇的想法和一种新的哲学观。如此众多的要素能否天衣无缝地被连贯起来，可以利用的标准正是六大原则——谁？什么时间？在哪儿？

做什么？为什么？怎么样？只有我们可以明确问题答案的时候，才意味着完成了一段所谓"像样的"故事。

在这些问题当中，"谁"实际上已经在确定茶席主题前决定好了，只有将参与茶宴的人员定好，主题才能够顺理成章地确定下来。有关"为什么"的问题，其答案也已了然，正所谓主题的确定即意味着茶席的目的亦被确定。因此，剩下的问题便集中为4个。首先是关于"什么时间"和"在哪儿"的问题，对于这个问题，很少人会因为季节而苦恼，因为在夏季去考虑冬季茶席的设置情况实属罕见，因此，需要考虑的核心问题便变成了有关具体日期和时间的问题了。我们只需要确定好是在工作日的白天、晚上或是周末的白天、晚上，再构思与其相配的茶席就是下一阶段的工作了。

关于场所问题，可以分为室外与室内，也可以在坐席与站席之间选择。参加茶席的人数、季节及时间因素也会导致场所发生变化。但我们需要记住，越是在风景独特的野外，就越应该准备朴素及尽可能少的茶具，因为大自然本身就是一道亮丽的风景，若添置过多其他物品，则很难尽兴欣赏自然。另外，野外的茶席虽能助兴，但也极易造成注意力的降低。

3. 掌握茶桌的外形、大小及位置

如果定好主题，又确定好了场所及时间，可以说已经了解了茶席设置的基本流程。首先我们需要对已准备好的茶桌进行了解。茶桌的摆设，顾名思义就是要在桌子上摆设一系列与茶有关的物品，其中桌子是基础。设置茶席的桌子，可能是普
通的茶几、饭店的饭桌，也可能
是办公室的会议桌，或者是活动
场所常见的圆桌等，不一而同。
我们应该根据场所的不同，充分
了解不同外形的桌子及其尺寸大
小，茶席的摆设也有明显的不同。

4. 茶是茶桌摆设的中心

茶席的主角是谁？除了人以外，
"茶"被摆在了第一位。不过，
很多茶人在考虑茶桌布置时，对茶本身的思考并不太多。他们往往将
茶席摆设看成是一种视觉上的设计，这无形中会忘却茶的根本精神，
而这种精神来自于追求昂贵且华丽茶具的错误思潮。

茶的种类该如何确定？首先，如果对方有喜好的茶，一定要优先考虑，
特别是邀请的客人是一位的时候，考虑客人的喜好是理所应当的。如
果客人超出一位，很难照顾到各自的喜好时，可以综合考虑当天茶席
的主题、个性、场所、时间、桌子外形及季节等要素来决定茶的种类。

另外，根据茶的种类不同，茶具应有所不同；根据茶具的不同，排列的方式也应有所不同，茶食、茶花及其他要素也将一起随之改变。因此，有关茶的种类，要综合考虑各大相关要素，慎重选择。

5. 桌布、茶垫、桌旗

组成茶席的各个要素，比如说桌布、茶垫、桌旗、茶具、茶花、茶食及其他物件，并不是按顺序来一一摆放的。前面已经强调过，设计时各要素的摆放应该一起考虑，其中的统一性与协调性是重中之重。

对于铺桌子的桌布，应根据桌子外形来决定是否使用，在树纹非常漂亮且高档的原木茶桌上，可以选择不用，如果非要用桌布，应该选择柔和、不起皱且易洗的材质。既然不是一次性用品，在最初选择时就应该慎重一些。颜色应根据季节及桌上要放置的茶具而定，重要的是桌布不应破坏茶具固有的美感。

过分注重本色或是华丽的桌布应排除在选择之列。夏季时，以色泽鲜亮而透明的桌布为首选，冬季则应选择厚重而带有暖意的桌布。桌布上通常都会铺上桌旗进行装点，可以使用一张，也可以并列使用两张，横放在桌子中央，将桌子一分为二，但也适用于其他铺法。布制桌旗能令茶席整体气氛锦上添花，当然要注重色彩的选择，要与桌布及茶具统一协调。

6. 茶具的选择

茶具通常根据茶的种类而决定，季节及茶席的整体气氛决定与之相配的茶具颜色及造型。如今，市面上出现了多种不同材质的茶具，在众多陶工们的努力下，绿茶、青茶、红茶、普洱茶等各种茶具不断推陈出新，有以白瓷和粉青为主的传统陶瓷制品，也有玻璃等现代的茶具。茶席与茶具的多样化为茶文化的推广起到了一定的推动作用，但认为贵茶具就是好茶具的想法却不可推崇。

（1）白瓷茶具。白瓷在瓷器中最为大众化，在以"沟通、洽谈"为主题的茶席上是再合适不过的了，给人一种整齐、干净之感。白瓷茶具可以衬托出茶的色泽，在品味绿茶或青茶时为首选。

（2）无釉瓷茶具。无釉瓷是黑土和釉料的完美搭配之作，给人一种多彩而又独特、结实而又温暖的感觉。另外，它还带有市民化的色感，在秋季品尝发酵茶时最为适宜。

（3）抹茶茶具和砚池茶具。抹茶茶碗极其优美，且种类繁多，充分利用十二种不同外形的抹茶茶碗，从一月到十二月，茶人们便可以演绎出外形相近却格调各异的抹茶茶席。砚池茶具也是瓷器制造茶具中的一种，一般在砚池里放上一束莲花沏茶，用水瓢盛茶水招待客人时而使用。

（4）紫砂壶茶具。近年，随着喜爱普洱茶的人增多，对紫砂壶的热衷有增无减。紫砂壶大多在江苏宜兴生产，用紫砂矿石加工而成。紫砂壶可以延缓温度的急剧冷却，在紫砂壶里冲泡普洱茶能使茶的味道得到提升，可以说是最适合用来冲泡普洱茶的器具。

（5）玻璃茶具。玻璃制造的茶具也不少，给人一种干净、透明而利落的感觉。不过，因为它属于现代制品，易碎，在有孩子的茶席上会非常危险。色彩优美的玻璃茶具适用于凉爽的夏季茶席。

7. 茶花的选择

在茶席上，茶花的重要性毋庸置疑。在注重礼仪的场合，为了向对方表示好感与尊重，茶席上一定要有茶花。茶桌上的插花应选择应季花卉，装饰不必过于华丽。如果很难买到鲜花，也可以使用仿真花。近年，市面上很容易可以购买到并不比鲜花逊色的仿真花。在茶席的构思中，插花是既重要又有难度的一项工作，好的茶花可以将茶席的整体气氛提升得更加高雅而优美，不过，插得不好的茶花则是宁缺勿有。

8. 茶食的选择

喝茶时一定要配有茶食，并根据茶的种类及具体的喝茶时间而有所不同，这种情况在日式的抹茶或者红茶茶席中表现最为突出。在日本，根据茶会开始的时间，茶食也有所不同，既可以用简单的饼干类，也可以准备类似一顿饭的丰盛茶食。茶食通常要与茶的种类相匹配，能照顾到季节的感受为最佳，准备时大致考虑传统与现代的协调就可以了。

9. 其他物件的选择

有一些物件可以将茶席变得更加华美、更加丰饶，如果能够充分利用这些物件，就能够准备出更加出色的茶席。

首先是蜡烛，在桌子上点燃一根蜡烛，可以营造一种隐约而又宁静的氛围，适合于进行有深度的对话。蜡烛可以消除周围的混杂气味，对在厨房的餐桌上摆设茶席或是闲置不用的房间里准备茶席都很有帮助。市面上有各种颜色和式样的蜡烛出售，可以选择合适的蜡烛并巧妙运用在茶席上。

音乐也是茶席上很重要的物件之一，通过茶和各种茶具，茶人们的感官基本得到满足，如果能增加一段与整体气氛吻合的音乐，将使茶席的韵味瞬间倍增。

10. 茶席摆设的思想误区

（1）茶席摆设之所以难，其中一个主要原因就是既要坚持原则，又要追求变化与创造性。首先，茶席摆设的原则与创造并非相互排斥的，我们的祖先在心有所动的任何地方，都能展开茶席吟诗、作画、喝茶，内室里、厢房中，甚至江边或溪谷。那种非茶室不可或者非合乎规格的茶具不可的想法，太过迂腐，也过于偏颇。

（2）主张只喝本土茶叶、只用传统茶具的想法是错误的。茶具不应有国籍之分，都应充分利用到茶席上，只要在不违背茶席的基本性质或主题的前提下均可。

（3）茶席的主角是人，其次为茶，茶具是其次的其次。但尽管这样，还是有不少茶人热衷于收集和炫耀茶具，而且是价格昂贵的茶具，委实有些不妥。如果条件允许，收藏好的茶具行为无可厚非，但在多人聚集的场合，特别是在与茶结缘的人们面前摆放价钱昂贵的茶具，有不尊重他人之嫌，这有悖于茶的大众化传播及违背茶人们的基本职责。

（4）茶席上最重要的对象是人，准备茶席的主人首先要竭尽全力。美观的茶具和优美的动作固然重要，对于倒茶的茶人来说，如果不能散发出茶的香气，那也不能称为真正的茶席。

（5）清洁茶席。美的东西很重要，但清洁才是茶席活动中最基本的一项工作。茶桌要清洁，茶桌的周围也要清洁，并懂得将不适宜外露的东西适当隐藏，使其不映入客人眼中，这是举办茶席活动最基本的美德。

PART 3

春季

装在青瓷器具里的爱

茶类　绿茶
茶具　青瓷

青瓷，还有一种形容叫做"雨过天青"。成熟的"雨过天青"釉，乳浊而不开片，是帝王贵族的最爱。据传五代后周世宗对烧造御用瓷器的工匠们曾这样说，"雨过天青云破处，者般颜色作将来"，于是"雨过天青"也就流传下来。

此茶席一分为二，以求再现青瓷的华美，右侧的卡其色桌旗只放了一半，而左侧摆设中却使用了方型的衬垫分隔，呈现出一种别样的效果。古朴的木质茶桌放置其上，摆设出正式以茶待客的又一种茶席礼法。

茶花使用的花材是紫色的蝴蝶花，与青瓷花器梦幻般搭配。

等待

茶类　绿茶、乌龙茶
茶具　辰砂

等待，是残荷听雨，也可以是信步闲庭，总之是有意境的。或许你觉得角落里的铜制茶壶锈迹斑斑，早已不是心头珍爱，那就试试石质花器与枯木茶桌的搭配吧，它们在一起总会让你体会到某一样东西的感染力——时间。

实木的茶桌看似笨拙，实际上正是焕然新生的基础，桌旁那一簇插在石质花器中的绿色叶子，就是你的整片森林。看上去笨旧的铜壶，敦实地立在木桌上，坚定且不变色。你看，岁月枯荣，你害怕看见的老去繁华，正以全新的方式重新填补你的生活，唤起生命的活力。

宝蓝色二人辰砂茶器使暗淡的茶室为之一亮，素朴的古玩茶桌让茶室多了一份安定，铁制的古玩汤罐不禁令人联想起古代文人的那份洒脱。

春之香气

茶类　绿茶
茶具　辰砂

一路繁花相送，春色的香艳真是一刻都留不住，插在桌面的那几支瓶插竟然开得如此艳丽。在这样的温馨气氛里，绿色的茶器更是携来了宁静安定之感。吃一口荷叶茶盘中的小甜饼，入口都是春的香气。

水罐、水壶与茶杯的搭配，现代感十足。

美过花的茶人

茶类　乌龙茶
茶具　青花白瓷

白瓷的茶具上印着藏蓝色的二方连续纹样，这是青花瓷的现代样式，既有复古情怀，也代表着现代工艺，复古与潮流并进。一杯茶，沉浸着历史的沧桑和现实的境遇，是时代感的味道，也是先知者的耕耘与辛劳。所以，凝神细品，香气袭人。

在快乐洋溢的季节里，以小巧玲珑的茶具配以充满东方气息的玻璃陶器煤油灯，茶人们幸福地享受着悠闲的时光。以南天竹勾画出凉爽的线条感，一枝茶花成为茶桌的点睛之笔。

茶香怡人

茶类 茉莉花茶
茶具 紫砂壶

不是每个人都可以有足够的时间和精力去煮茶、品茗，繁复的茶事有时会成为我们偷懒的借口。但是如果是简单的茶桌搭配着黑色茶器呢？实木的茶桌坚韧持久，可以用很长一段时间，茶炉也是温热的，暖烘烘的茶水在小火上咕嘟嘟地煮着，随时可以泡上一杯香茗。美好的事物就在那里，无论你见或不见。

一块稍显民族风的桌旗，可以打破这厚重的单一，让你的生活出现丝丝波动。在极简的生活中流露的小情趣，是你用心体会岁月的见证。

恩情时光

茶类　抹茶
茶具　粉青茶碗

迎春花的枝条伸得很长，在角落里素
雅的玉壶中渐渐发芽，修剪的迎春花
依旧是茂盛的。

粉青茶碗温和清润，隐约透着一股岁
月静好的意味。旁边的茶壶里倒出来
的是抹茶，用茶筅打散，冲沸溢香。
请你尽量地放慢节奏，每一步都是优
雅地品赏，抹茶是艺术，也是日课。

明日胜今朝

茶类　绿茶
茶具　天目茶器

颜色是清清浅浅的，材质是慵慵懒懒
的，气质是温柔多情的。在长条几案
上，一块粉绿色的亚麻桌布随性地铺
就其上，蓝白相间的绸缎交错搭配在
粉绿之中，打破了一成不变的淡雅，
让氛围轻松也活跃起来。

挂釉的黑色花器放置在主位上，一支
含苞待放的枝蔓自其中延伸出来，不
禁令人生出几分期待。插花显得非常
简洁。

莫夸今日颜色好，曾言明日胜今朝。
邀三五朋友来此小酌，这精心布置的
茶桌小景，是否会唤起那些萌动的情
谊呢？

逝去的故事

茶类　绿茶
茶具　盖碗杯、
　　　粗字体紫砂壶

很少看到大红大紫的茶桌，国人讲究自然山水中的诗
情画意，粉饰江山的点缀往往是被忽视的。可是，这
里颜色的搭配却是别样的耀眼多情，精心布置的茶桌
上，大红色的桌旗成为了吸睛的主题，红色四角方巾
凸显出中心所在，一支牡丹插制的茶花摇曳生姿，与
其相互呼应。

然而，纵使你满目风情，又有几人耐得住雨打风吹，
斜阳迟暮。温热的茶水转瞬即逝，茶桌上热络的欢声
笑语也瞬息万变，茶水凉了，茶花落了，余下满目的
耀眼红色，记忆着曾经没有逝去的故事。

午间闲暇

茶类　乌龙茶

茶具　盖碗杯

隔壁的屏风后面是一间静室，四叶草插就了茶花，围炉而坐就是惬意的。你还可以选用泡得沸腾的盖碗茶，古香古色是唤起记忆中的颜色。一日的工作曾这样忙碌地开始，而这静室的午间是众乐乐的闲暇时光。

这是深得女性喜爱的内室茶席，凸显盖碗华美的女性化茶席摆设。在茶桌上，花不宜挺得过大。

茶香醉了

茶类　乌龙茶、红茶
茶具　玉色闻香杯

水绿色的餐布把整个空间都浸染得清净无比，聚赏的人看着也赏心悦目。几个彩色玻璃瓶里，插上兰草和蝴蝶花，给人一种凉爽之感。

镂空的蕾丝桌旗为茶事增添了柔和的元素，似是融化了那颗冰冻在冬日的心。春草已发芽，盛开在盘匣，执素手弄新茶，茶香可醉花事似雅。品茶的间隙伏在桌子上小憩一下，似乎嗅到了春日暖阳草绿的味道。

闻香杯是品乌龙茶时特有的茶具。顾名思义，闻香杯就是用来闻茶叶香气之用的，比我们平常品茗的茶杯要细长一些。通常来说，闻香杯与品茗杯配套，材质相同，加上一个茶托则为一套闻香组杯了。

东西方的碰撞

茶类　乌龙茶、红茶
茶具　土耳其朱锡、
　　　白瓷盖碗杯

如同 2000 多年经久不衰的海上丝绸
之路连接着亚洲大陆与欧洲大陆一
般，茶桌上的紫色餐布就是南海诸国
的栖息之地，汪洋大海一般深沉神秘，
极具魅力。白色的桌旗似是一叶扁舟，
载满中西式的不同瓷器。

波斯的银器，中式的青花，佛郎德斯
的珐琅彩，成就了这世界上所有关于
瓷器的梦想。就在这张茶桌上，你也
可以放飞思想，品着杯中的茶汤。

银制茶器盛满红茶之味，青花白瓷闻
香杯溢满乌龙茶之香，东西方的碰撞
竟如此完美。

点燃希望

茶类　乌龙茶
茶具　5 人白瓷茶器

黑色的餐布显得庄重而沉稳，白瓷茶具隐隐透着互补的光，用红、绿桌旗相衬打破这安静的沉默，就有了年轻人的气息。

人多的时候，这种四方桌茶席两侧桌角相连，方便众人同时饮茶。

用心品茶

茶类　绿茶
茶具　绿辰砂

在这里，糕点是茶余之间的美味，是乐得自在的主题。在圆形陶瓷垫上放一带拉手环的淡绿色茶杯，还有那一分为三的茶食盘，给人一种现代感，既洁净又不夸张。

绿色的花瓶衬着绿辰砂茶具，一支百合插于其中，茶席顿时活跃起来。那些盛满了各式糕点的青瓷茶食盘，不正是为我们精心准备的么？

暮夜灯盏下

茶类　乌龙茶
茶具　青花闻香杯

昏暗茶室的几缕烛光是点亮空间的丝丝明亮，陋室中照耀的是朋友间的欢歌笑语，即使在这黄昏之中，也依稀可以辨别哪一个是你心中惦念的朋友。

轻酌一口茶，满脸的笑意，总之今生是餍足的。这整齐的茶桌，干净的茶事，是你的风格。渐渐地，在暮夜灯盏下，在月光倾泄中，描绘着他的模样。

茶器使用的是与中式茶室氛围相匹配的闻香杯，中式茶室一般喜用古朴的木质家具，内敛而沉稳，一如闻香杯里的乌龙茶。

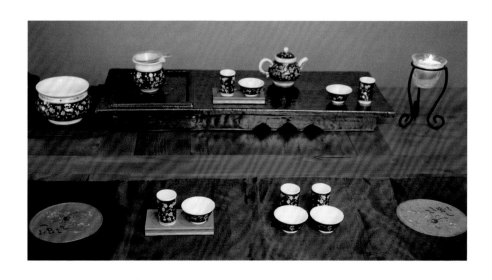

爱的回音

茶类　龙井茶
茶具　白磁盖碗杯、花盏

镀银的玻璃器皿里装着紫色的花，与白色相间，映衬得春色出尘脱俗。白色的蕾丝桌旗从桌子的一边蔓延过来，呈现满目清爽的纯洁之感。你和他坐在桌子的两边，唱响这春日的爱之回响。

此茶席摆设既不厚重，亦不轻浮，紫色桌布与白色蕾丝桌旗相互衬托，为年轻人营造爱的氛围。

告知春的到来

茶类　发酵茶
茶具　绿辰砂

一大一小两个花瓶，绿葱葱的花叶，使茶席更显柔和。在满是绿色的茶具中，唯独一抹红色椭圆麻布衬垫，效果非凡。

爱若多，也不妥？在绿意浓郁的春天，将心底隐藏的真心毫无修饰地盛装在绿色茶杯里。

茶心

茶类 抹茶
茶具 伊罗保釉

静室的一隅足够你在这里看日升月恒，见花开花落。温火煮炖的那一壶茶汤恰如其分地流入抹茶的青绿粉末里，吃茶变成了古代文人雅士与现代生活交集的默契之事。

草编的小席子也足够衬得起那一碗香甜的抹茶了，茶事的古朴与归真，茶炉的青烟与气韵，静心流波一般慢慢氤氲了岁月。

此茶席为日本茶室之再现，墙壁上挂有"茶道俭德"的字样，让人回味起茶道的精神。壁橱内嵌的日式插花，与茶席氛围协调统一。

走进粉红色香气中

茶类　红茶
茶具　英国红茶盏

绣球花伞状花序威风凛凛的样子特别
耀眼，其嫩绿的叶子悄然下垂，花序
与叶片插在白色流线型瓷瓶中，一幅
岁月静好、现世安稳的样子。

餐巾亦是粉色的，为前来做客的少女
准备得足够用心。英式茶具之上纹着
徽章，这自是特殊的定制。红茶茶具套
装、淡粉色桌布和谐有加。莲花形状的
蜡烛淡雅脱俗，心情展现。请尽情享
受吧，这如粉色般娇嫩的春之惊喜。

因茶而幸福

茶类　红茶
茶具　英国红茶盏

英式茶具的浓情与艳丽是待客的高级礼遇，粉色与嫩鹅黄的搭配令整间茶室都染上了浓浓的情谊，是多情的暧昧，也是谦然的高贵。

远处那一捧橙色的玫瑰，高贵而典雅，像是中世纪讳莫如深的油画，又像是洛可可风的轻快与华丽。双层蛋糕的香甜就像这满目的柔美，不过，确实需要淡茶冲淡这香甜的醇腻。朋友之间的相聚，果然因茶而幸福。

PART4

夏季

相逢的祝福

茶类　抹茶

茶具　白瓷净瓶、粉青茶盏

夏天的到来是令人愉悦的，然而高温的炙热却是恼人的，茶桌上简单的搭配成为了炎热夏日中消暑的不二之选。台布选择暗淡一点的颜色，控制着整体的色调，令空间质感更显高级。

当然，灰色的基调也会显得压抑，不妨在桌旗的选择上用些心思，搭配一些平和而又温馨的颜色，作为餐桌上耀眼夺目的精致之选。生活中高级灰的运用是一种性格，也是一种生活方式，它们理性且略带矜持，高贵却不放肆骄纵，在柔和与稳重中寻求着统一。

厚重净瓶居中放置，两边设置不同茶席，分开享用抹茶，易于待客。

舒适的朋友

茶类　*绿茶*

茶具　*白瓷茶器、黑釉陶磁器托子、
　　　黑釉茶盘*

这组茶桌搭配可谓是国人的心之所衷。茶桌的主体是黑釉瓷质的
水落茶海，茶托亦是同样质地，搭配以白瓷茶具，好似将这茶间
俗事置身山林之中——以山间磐石为茶海与茶托，而这清风明月
与山间的郁郁葱葱就是眼前杯中的几缕茶花，正符合了国人自古
以来卧游山水、神思观想的美学意境。

以物观心，眼前景就是山中景，身边人即是有缘人，这不就是最
舒适的处世态度么？圆形陶瓷茶托与方形陶瓷茶托的配置，使中
心与边缘互为衬托，尽享饮茶之自由。

走进隐隐茶香中

茶类　绿茶
茶具　白瓷

走进隐隐茶香中，曾经因为某件事而泪流满面的朋友，也被这茶水的蒸腾热气氤氲了眼角。

6月或许是个感伤的时令，炎热炙烤着曾经的记忆，不断拷问灵魂，难以躲开。递上一只白瓷茶盏，观想那片茶叶在杯中轻轻荡漾，告诉身边的朋友，要像茶桌上的小翠菊一样坚强。

两个茶花器具经兰花叶而相连，给人一种可爱感。绿色，也是生机勃勃的颜色。

阿里山乌龙茶之香

茶类　乌龙茶
茶具　青花白瓷

刚旅行回来，带来的茶叶还没有和朋友们共享，在实木茶桌前，就让我们先行小酌一番吧。一泡之后，森林的味道自叶片中慢慢散发出来，清饮一杯阿里山茶，清而不腻，似是空谷幽兰的清香。

茶室桌子上摆设着青茶茶器套具，简洁有加。在中式的宽大茶室里，放一盆绿色的松树盆栽吧，伴随着松枝的香味，一起享用主人精心泡制的一杯青茶。

迎客

茶类　乌龙茶、绿茶
茶具　闻香杯

茶，可以独享，也可以对饮，用来待客，比酒更浓，也是历久弥新。白瓷的茶炉是我们的最爱，通透的颜色似乎看破了众生。炉上的茶水用文火轻吻着，焙火生香，隐隐跃动。

朴实的原木茶桌，适合朋友三五成群谈谈风月，聊聊困扰。美中不足的是，原木的木质过于粗犷，看上去容易刺伤友情。主人家选择白色镂空绣花桌旗一以贯之，轻轻垂在茶桌的两侧，以温柔多情融化了原木过于刚硬的个性，那些不平和的小木头都悄悄地藏在桌旗之下。更为不易的是桌旗的镂空设计，还会消弱白色桌旗运用死板之嫌。这些别样的小心思，也代表你扫榻相迎的真诚之心了。

正午小憩

茶类　红茶
茶具　白瓷、青瓷

蓝宝石一般的茶器颜色，晶莹得如同华贵的玉器，正是正午赋闲时那一抹心动的感觉与终于放松下来的心态。

淡绿色花瓶与白色花瓶微微显出曲线，选用素雅的小花更能凸显茶桌的氛围。白色与蓝色红茶茶壶突出茶桌两侧中心所在，红茶的种类众多，在茶杯里泡一包，即方便又不失古典感。

桌前的那两朵莲花烛台，既是精神的寄托，亦是腹有诗书气自华的气质魅力。

蜜月茶桌

茶类　冰茶
茶具　玻璃

夫妻同行的蜜月之旅是为人艳羡的，一路的异国风情，一路的无言感动，这样美好的旅程中又怎能少了茶呢？在宾馆中，选用北欧或英伦样式的餐垫，自是充当了茶桌那繁复的烹茶配备，墙角一排的绿植在阳光的映射下也出奇的美。小酌片刻，欢度那些闲散的时光吧，两个人在一起，有情尚且饮水饱，更何况是色泽明媚的冰茶？

异国情调的波斯沙发与黑色四角方桌格外引人注目，选择与沙发颜色相匹配的插花，可边看电视边轻松喝茶。这是一组专为新婚夫妇充满爱的对话而精心设置的茶桌。

幸福的邀请

茶类 绿茶
茶具 白瓷

白瓷花瓶里纤细伸展出来带有果实的花枝，呈现一种线条美，似乎是邀约茶桌上那些相熟的朋友。

茶杯、花叶茶食器具与花叶托盘相互衬托，完美搭配。这些洁白的器具代表着我们那颗纯洁的友谊之心，无论往日还是今朝，我心不变，用心展现。

幸福家庭

茶类　绿茶
茶具　白瓷

岁月沧桑话石碾，石碾是人类文明的推进器和里程碑，也是劳动人民智慧的结晶。面前的茶桌是一张刻着时间的门板，装着陈茶的斗柜是个古拙的老古董，所以白色骨瓷的茶具里盛放的茶水氤氲了岁月，缱绻了时光。

仿古花篮中轻插了两处茶花，格外引人注目。古色古香的传统茶室，以白瓷茶器尽显整洁利落之感。

同行

茶类　代用茶
茶具　现代陶磁器

粉绿的餐巾是这个夏日清新的模样，茶桌排插的花草是等了许久的绽放，两支漂亮的烛火更是照亮了室内的暖昧气息。

钢琴模样的花器，在中间的空隙处插花，圆形陶瓷配以烛台、精致茶食及富有现代感的红茶茶杯，给人一种整洁之感。在炎热的夏天，也想拥有一份清新，希望祝福我们，一路同行。

宽广胸怀

茶类　乌龙茶
茶具　青花白瓷

一支荷叶，清爽自在，工作中难得的清闲，就是看看花开花落。

夏日的余温浸润在办公室的每个角落，会议室的茶席上，以白色水落茶海与白瓷茶器泡制乌龙茶招待来客，那茶香就足以令人迷醉。请我们学会用宽广的胸襟去待人处事吧，就像那一片荷叶，即使身处其中，却依旧花开自在。

温柔的人有福气

茶类　绿茶
茶具　青花白瓷

颜色的清静安宁是平心静气的最佳方式，这样犹如蓝天、浅海一般的色彩，带你进入的是永恒的梦幻。品茶时，别忘了手边放一本诗集，闲时读来，异常雅致。

在小小竹篮里插一朵花，凸显茶具本身的雅致，整体流露出端庄利落之感。三五知已齐聚一室，或者家人小坐一起，此茶席表现了贤淑的女主人之心。

和知心朋友一起

茶类　绿茶
茶具　青花白瓷

"人生难得一知已，千古知音最难觅"，喝茶也是需要灵魂伴侣的。在柏拉图的《会饮篇》中，阿伽松曾举行了一场别具一格的"会饮"，用讨论问题来作为消遣，一起赞美爱神。于是人们开始意会幸福是什么，爱有多伟大。

先知如此，今人依然。在这种宁静的茶室小屋中，摆好茶桌，可以安静地享受茶香。此时，我需要你明白，即使喝茶，也是需要一起快乐而感知美好的。

肯尼亚茶

茶类　红茶
茶具　英国红茶盏

肯尼亚南部地区地处赤道附近，又靠海边，因此雨量充沛、光照充足。火山土分布较多，以致土壤非常肥沃。这些便利的自然条件，为肯尼亚带来了颜色鲜亮、气味芳香、口感甘醇的肯尼亚茶。

圆形茶桌上用来待客的茶，正是肯尼亚红茶。茶器当与非洲东部优秀的红茶相配，相得益彰。圆形的镂空桌旗既不突兀，也较为生动。茶花端庄地盛开在茶桌中央，艳丽华美、富丽堂皇。

此茶席专为家人而温馨布置，三层蛋糕盘里放上美味茶食，备好肯尼亚红茶，与家人共享。

凉茶静心

茶类　代用茶
茶具　玻璃

茶花的选择是一门艺术，这样美好的宴席，怎么可以缺少茶花作为陪侍？又怎么可以缺少茶花作为一品香茗的主角？于是路边的一束野花，清爽且柔和，就是恰逢其意的美色。

这是适用于郊外或庭院聚会的茶席。玻璃缸里盛装了三种颜色的茶水，给人以凉爽之感。在炎热的夏季，这种茶水使用方便。使用玻璃茶杯，方便客人直接选茶。若用茶食替代简餐的功能，那么整个茶宴活动将丰富无比。

为了爱的人

茶类　冰红茶
茶具　玻璃

杯中的冰红茶是为你准备的，你猜猜是哪一杯不同？我不能表露心迹，需要你慢慢地感受我待你不同的方式与心情。我请你来，用这样的混迹方式，混淆了大家的目光。见到你，这里就是别样的风情。

粉红色的一株牡丹，娇艳得令茶席生辉。白色的网纱布像水柱一样流入桌底，令人感动。

幸福的我

茶类　红茶
茶具　英国红茶盏

镶着金边的英式茶具与香甜俱醇的红茶是最为相配的。除了英式茶壶之外，滤匙、茶匙、点心盘、茶叶罐与糖罐都成为了一场欢快下午茶盛宴的必备之物。餐桌上配备的桌旗、餐巾等都采用了粉青色，柔和且温婉。

茶花是浸泡在玻璃瓶中的，透过玻璃瓶就可欣赏到水中叶片的舒展缱绻，强调一种浪漫的感觉。佐餐的甜点异常地可口，相伴的人也是志趣相投。

傍晚时分，和知己聊天，快乐地渲染到红茶的味道及香气中。

浪漫银河

茶类　红茶
茶具　英国红茶盏

假日的下午茶是华贵又美艳、多情且妖娆的，花开极致，只记得最初的样子，是最好的曾经。在这水蓝的餐桌上，用蕾丝的桌旗将你我紧紧捆绑，用淡雅香茗品味你待我最初的爱心。

银色天鹅绒桌布与银色烛台互相衬托，完美再现。这一茶席表现出像银河一样的浪漫与幸福，正式邀请客人一起享用下午茶，代表主人的的精诚所至，得以通过茶席完美展现。

沉思

茶类 绿茶
茶具 白瓷

静室一隅，是安静的思想世界。阴凉处晾晒的茶叶，使得这室内充满茶香。相伴之人不要多，枕边解语即可，或闺蜜，或爱人，懂得便弥足珍贵。

"一叶扁舟波万顷"，白瓷样式的茶托是纵情山水的化形。抛开心事，去除杂念，专注于体会茶之香气。

PART5
秋季

诉说岁月的茶碗

茶类　抹茶
茶具　抹茶茶碗

秋日里是慵懒的，俗称"秋乏"，唯有用清茶来缓解困倦之苦。

茶碗述说着你我漫长岁月的品茶生活，观赏颜色、造型各异的茶碗，尝试自给自足的泡茶乐趣。一把刷子、一只茶匙，桌面上麻布的餐垫一解搭配过于肃静的困顿，基本的茶事要求已得到满足。

设计的简洁疏朗是缓解秋乏的最美方式，恰好克制这半年的审美疲劳。最妙的是桌角处的两只青竹，无中似有，有胜似无，其乐无穷。

闲暇小憩

茶类　绿茶
茶具　天目釉

茶席一角的插花，枝叶繁茂得欣欣向荣。闲暇小憩之时，吃着甜点，赏看花之娇嫩，静室里的昏黄暖光洒下无限的暖意。即使生活多么纷繁忙碌，也不要忘记在逆困之时给自己一个拥抱。

茶室里的陶瓷与花瓶相匹配，花瓶色彩的选择至关重要。门格窗、烧水火炉、茶锅与茶具等完美融为一体。

庭院里充满茶香

茶类　发酵茶
茶具　筱釉

陶器是暗哑的岁月，经得起沉淀，也不会惊醒秋日里打盹的万物。煮出来的水沸腾了，澄黄的茶汤也如同茶具一样，不会一鸣惊人，但它们都属于岁月，陪着岁月的是时间。

褐色茶器充分展现了秋日之感，可用来招待众多客人。用茶锅煮水，茶香四射，再泡上一杯发酵茶，忙碌的心也随之放松。

朴素的茶室

茶类　绿茶、发酵茶
茶具　粉青釉

我有一间朴素的茶室，常常做一些朴素的茶事。

这间茶室的角落里放着一个架子，上面陈设着烧制出来的茶器，器形多变，也多是自己的兴致之物。很少上釉，我喜欢它们裸露胎体的样子，像是我们来到这个世界的第一个反应。

我会用这些少釉的茶器煮一壶绿茶，招待我的朋友，文火慢炖，不宜将火突然煮沸，就好像是这个漫长而美丽的秋日，一如既往地朴实无华。

品茶游戏

茶类　绿茶、发酵茶
茶具　白瓷、天目釉

心情压抑的时候，想想秋高气爽，是不是想放声高歌？

桌子两侧放置风格迥异的插花，并与茶具颜色相配。麻雀模样的茶器在水落茶海上，特征各不相同。将这些珍贵收藏的茶器精心布置一番，在麻雀叽叽喳喳的叫声中，饶有兴致地开始品茶游戏。

走向广阔的世界

茶类　抹茶
茶具　辰砂

新入手的这一套窑变茶器，美轮美奂地变换着色彩，摇曳在秋日的早晨。每一只都不尽相同，从红褐釉到白釉的渐变就这样一览无余地展现在茶桌上，规律的质感令人眼前一亮，引领我们走向更广阔有趣的茶器世界。

红色朱砂花瓶里的插花给人纤细之感，草编席衬托的两个水罐成为中心所在。在明暗对比色泽中胜出的红色朱砂器皿，就像秋日天边的朝霞与晚霞。

落叶纷纷话秋天

茶类　发酵茶
茶具　筱釉

粗陶的质感很容易唤起人们对秋天的认知——衰败、枯萎、缺少生机，就像是秋日早晨的落叶，哗啦啦地铺满了庭院的泥土地。幸好荷叶的茶盘令我们爱上了残荷听雨，编织纹样的粗陶唤起我们的返璞归真，落叶的秋日也就不再落寞。餐布的绿色，是欣欣向荣的。

作为生活茶器，一般使用方便的水罐茶器或者熟盂兼茶罐。花瓶的质地与茶器相同，勾儿茶果实与枫叶的插花也增添了秋日之感。

漫长的岁月，
与茶为友

茶类　发酵茶
茶具　筱釉

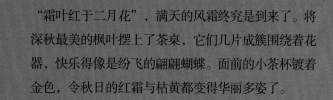

"霜叶红于二月花"，满天的风霜终究是到来了。将深秋最美的枫叶摆上了茶桌，它们几片成簇围绕着花器，快乐得像是纷飞的翩翩蝴蝶。面前的小茶杯镀着金色，令秋日的红霜与枯黄都变得华丽多姿了。

拉长的枫叶线条，使茶席随之生辉。为邀请共同度过漫长岁月的茶友，主人不惜拿出金杯来布置茶席。为体现金杯的极致华美，茶席的设计既简单又充满了厚重感。

水中月即天上月，眼前人是梦中人，这就是最好的境界。只要彼此相依，简单的茶盘与炉茶，就是一场穿过岁月的恋爱。

亲热夫妇

茶类　乌龙茶
茶具　无釉

青茶的水汽氤氲了彼此日日相伴的脸庞，细细看来，好像许久不见了。感谢这茫茫人海，我们不曾错过，这样与生俱来的美好，就是你我对坐。

在卧室一侧，夫妻二人一边休息一边饮茶，将多情而又淡雅的对话氛围演绎到了极致。

一起的快乐

茶类　黄茶、乌龙茶
茶具　无釉

实木的触感是温润的，触手可及的踏实。对坐品茶，接近于原始的欲望，呈现一种贴近自然的平实。实木的桌、粗粝的石头茶托，还有素朴的茶碗，那些经过手工打磨的器具，天然淳朴得犹如初生，似是重新幕天席地，归隐山林。

个性张扬的桌子上，用色块桌旗吸引视线，远远望去的红梅使茶室的氛围更为浓烈。

朋友，一起泡茶吧

茶类　普洱茶、黄茶
茶具　紫砂壶

请你喝上一杯茶吧，来舒缓你我那颗焦躁而烦扰的内心。日复一日的忙碌，只是为心中的梦想寻找一个落脚点和一处可以停靠的港湾，就像是瓶插中那些花草的欣欣向荣。

品赏一只昂贵的紫砂壶，新开一种罕见的香茶，用一张质感细腻的餐巾，在岁月的洗礼中提高品味，享受人生。

圆形陶瓷衬垫上，泡好自己带来的茶叶，相互品尝，互相交流，度过愉快的一段时光。两侧均可坐4人的茶席，方便聚众交流。

跟着风，跟着云

茶类　黄茶
茶具　辰砂

你心中总是有那么一个人吧，他时刻牵动你的心，喝茶的时候，看着铁制工艺烛台那一闪覆灭的烛火，总是在祈盼着什么。

粉嫩的桌布就是你雀跃的少女之心，似乎从来不曾停止过对青春羁绊的渴求。纱缎丝绸就是跃然桌上的思想，轻盈着，也跳动着。

一叶扁舟，一叶知秋。枯木花器中插上白色小菊花，分放在桌旗上的不同位置，铁制工艺烛台增添梦幻感觉。

商务茶礼

茶类　发酵茶、普洱茶

茶具　伊罗保釉

花盆里的竹子为素雅的茶坐呈现盎然生机。白色的桌旗一扫沉闷的办公氛围，更添洁净利落之感。

这是一款适合商务洽谈的茶席，雅致的茶具及简洁的桌椅风格特别适合男士。在这儿，无论何时，都能简单方便地以茶待客。

茶香万里

茶类　绿茶
茶具　粉青

茶香万里，悠然一醉。小花瓶里插上了勾儿茶果实和小菊花，但草木清香都难以掩盖茶之浓郁，一并晕染开去。堆塑罐上的纹样诱惑着我们，透过其中，彷佛穿越千年。

在茶席摆设中，若摆放较多式样特别、外形独特的茶器，会略显散漫杂乱，因此将茶器集拢到一起，再置放在宽大的褐色凉席茶垫上，能充分展现茶具的魅力。

秋天的最后一个晚上

茶类　发酵茶、普洱茶
茶具　伊罗保釉

秋天的最后一个晚上，独酌品茶，进而爱上了深思的味道。茶花是一支向日葵，秋天的向日葵开得格外灿烂，既简单也厚重，恰恰代表那份沉默的爱。

4人茶桌隐约传递出朋友们白天的欢声笑语，在这深夜的静谧中回荡。秋意浪漫十足，一起沉浸在茶香余韵之中……

秋日的天边晚霞

茶类　红茶
茶具　英国红茶盏

火烧云是秋日难得的美景，一见天边色，就是梦中情。想将看到的最美景色呈现在大家面前，于是就有了眼前这晚宴的胜景。橘色的餐布配上淡橘色的桌旗，像是忽明忽暗的天边晚霞，桌上枝蔓盘延的茶花，是这秋日的投影。

桌子中央别具特色的打褶桌旗，给人与众不同之感。三层的茶食盘丰富我们的茶宴生活，大家一起畅聊吧。

秋日的女人

茶类　代用茶
茶具　玻璃

"秋来林下不知春，一种佳游事也均"。那些妆点秋日的人，不是悲情客，而是有心人。感谢这美艳的四季吧，没有它们，你甚至不知所言何物，所思何想。

茶桌上简单的布置，自是你看待生活的意义，你为生活感动，它也绝不会辜负于你。

低矮的玻璃花盘中插一束紫色洋兰，它四向伸展，正在享受秋天。黄色衬垫映衬的茶席，令人不由自主地想要陶醉到秋日的情趣中去，没有用枫叶，却使用了代表秋意的褐色玻璃茶具。

歌唱秋天

茶类　绿茶、乌龙茶
茶具　粉青

有人说，秋日就是清清山泉流水潺潺，唱不尽的层林尽染。将这样的颜色腾挪到茶桌上，配以粗粝的陶器与精致的糕点，与朋友围炉夜话，自是欢声笑语，彼此歌唱秋天。

折枫叶枝条放在桌子中央，向四方伸展。圆桌上，众多客人将茶罐里的茶水倒在各自的茶杯里饮用。此摆设为餐厅待客并举办茶会之用，以秋季枫叶之美，尽情演绎季节之感。

郊游

茶类　抹茶
茶具　辰砂

用便携的篮子提来的茶具，浸润了家
的温暖，在这荒郊之中，惦念着家的
别样色彩，才是秋日郊游的乐趣。

竹篮与褐色长垫相互衬托，那一只郎
窑红的窑变瓶是空的，并没有插到新
鲜的花，可是茶席边的那一盆石生花
已足够美了，这就是秋日。

PART 6

冬季

往昔岁月

茶类　乌龙茶
茶具　青瓷

如果你想生活中多一些轻松与惬意，不妨试着用粗粝的陶瓷器做茶具，搭配着水蓝色的棉麻台布，让小心思不漏痕迹地体现你的生活品味。

手握一把有着岁月痕迹的茶壶，上面斑驳的纹样已被把玩得较为光滑，黄色的茶汤慢慢从壶中溢出，氤氲的水汽蒸起一段段往昔。如此别样美好，更何况是那粗粝的杯子中还绣染了金漆。

贵人自远方来

茶类　抹茶、碾茶
茶具　金漆陶磁器

黑色花瓶里的木莲展现出一种高贵之
美，金漆茶杯与黄铜莲池也同样洒脱
高贵，完美协调。

有朋友自远方来，不亦乐乎？是什么
样的朋友如此有幸，能得到主人这般
情深意厚的款待，营造出如此高雅的
茶席氛围共享茶事？

迎接新年

茶类　抹茶

茶具　粉青

一年四季不变的松枝，成为了冬季尚可装点空间的长青美物，但略显枯黄的色泽还是为冬日的茶席蒙上了一丝厚重的颜色。

干脆来点稳重的装饰吧，在这样的厚重茶席氛围里辞旧迎新。灰褐色的陶器是品茶宴客的上选，既迎合了茶桌古朴的气息，也传递出岁月的使命感。印有卷云纹的藏蓝色桌旗是装饰茶桌的亮点，非常具有原始图腾的意味，像是时间的长河中流转运作的明证。

茶碗上印有立鹤的纹样，祈愿新的一年平安顺遂。

内室茶趣

茶类　绿茶
茶具　银茶器

茶室内是四联屏的花鸟画，画着幽幽静静的空谷幽香；条案和斗柜都是上好的陈木，古旧依然，气韵天成；条案前的软垫让人更有亲切感。

约上知己闺蜜们一起来品茶赏画、谈诗论友吧，桌前的铜壶在炉上煎烤，冒出呲呲的水花，银制的茶器也是魅力无比，这种茶席小坐而有奇趣。

高贵的冷艳

茶类　绿茶

茶具　银茶器

银质茶器上绘制着莲花荷叶、山川丘峦、鸟儿问道、鱼翔浅底，似是想将万里河山都浓缩在这方寸之间。茶具下垫着丝绸的垫子，冬日里银器的冰寒随着柔软的垫子而变得温暖。

精致的刻画工艺繁复而有质感，处处流露着高贵的冷艳。桌角的茶花也用银器盛放，自是和谐的共鸣。餐巾是重工云纹花鸟纹的双面绣，赭石的颜色令身处其中的你我感受到主人对待茶事的用心。

冬日的茶桌很美，是每人心中的醇厚质地与内心欣喜。

健康、平安

茶类　绿茶
茶具　金漆陶磁器

平安，是家家户户都祈望的，也是你我心中愿景。茶室是家中另辟的一角，用联屏水墨画隔开，画下摆着矮几，其上紫褐色的坛子里插满了松枝和木莲，对比强烈也足够吸睛，更是呼应了茶桌上花卉纹样的桌旗。

陶瓷茶盘上高贵的黄金茶具特别引人注目。每逢正月，人们要向长辈或贵客祝贺新年，爱茶之人则用高贵的黄金茶杯招待客人，以表达对客人的尊重。此茶席也用来祈望长辈能像松枝一样万古长青，有表达健康长寿之意。

冬天小酌

茶类　普洱茶
茶具　无釉

房间内普通的藤制茶几，用蕾丝桌旗
盖住一边，摆放有致的几只茶碗与花
器都是敦实的，看上去素雅且圆和，
委实令人有亲近小酌之感。

最为别致的是那几只略有畸形的茶
碗，这是人工师傅手工捏做的紫砂，
看似形神怪异，实则大巧若拙。插在
短颈瓶中的两朵雏菊，为这寒冷的冬
日带来些许温情，似是冬日暖阳。

冬日暖阳

茶类　乌龙茶

茶具　黑釉

整洁茶桌上的黑色瓷器成为你我关注的
焦点，这样素净的茶桌是冬日里的色调，
即使简单也不会觉得枯燥和冰冷。

黄色的桌旗犹如沐浴的冬日暖阳，不尖
锐的色调令人舒心、轻松。茶杯下垫着
竹编的小垫子，为这里增添了一份古色
古香和山间清气。

两个黑色花瓶里的紫色马蹄莲插花，与
茶桌整体气氛相得益彰。大小适中的黑
色茶缸，将泡好的茶水用水龙头直接倒
出，这种便利的饮茶方式倒也别有情趣。

陈茶的苏醒

茶类　普洱茶
茶具　辰砂缸、天目茶盏

紫色的高贵是与生俱来的，周正的餐桌铺着波斯纹样的餐巾，寓意茶事的严肃性。

在这样的环境下，需要一点华丽的摆件来摆脱室内严肃的气氛。桌子中央放一华丽的烛台，与郁金香插花完美搭配，暗淡沉重的茶席顿时变得亮丽而有韵味。有趣的叶子壁挂也是主人的小心思，冬日里严肃的气氛总是需要什么缓解一下。

选用紫砂壶仿古汤罐，自与厚重的花器成为茶席中心，搭配着老茶的香浓，陈普洱的香气溢满整间茶室。

新罗茶器

茶类　普洱茶

茶具　土器

古旧的器物是民族的灵魂，因为沉睡了千百年，多少是令人敬畏的。当看到那些器物如同博物馆陈列一般出现在自家的茶桌上时，感觉特别自豪。

橙黄的餐巾仿佛内心的雀跃，是这暗沉的岁月长河里增加的活泼元素。在茶事的历史中，你我也只是古旧茶器的曾经拥有者。时间就是这么残酷，我们都只是历史的陪衬，幸好器物还在，它是历史的见证者。

新罗陶器摆放高低错落，间隙处插朵茶花，凸显茶席的中心所在。

远离冬天的路口

茶类　普洱茶
茶具　紫砂壶

一年循环因始，终是走到了年尾，劳累的时间远去，放慢脚步开始享受年末的时光。朋友间的小聚是不能间断的，一张长桌，一块紫罗兰的餐布铺陈，点缀上简单的茶器，喝茶的气氛就有了，这很适合冬日的极简风格。

夜已深，茶锅里煮水的声音好似风声，饮一杯热的普洱茶，忘却时间的流逝，在远离冬天的路口，这里还是温暖如初的。

什么故事这么多

茶类　发酵茶、绿茶
茶具　白瓷、青瓷、天目釉

红色卷云暗纹的餐布耀眼夺目，茶器的款式不止一套，展示出不同的样式。茶花也不止一簇，有高低错落的木莲，也有小瓶插中的百合。看来宾客的性格应是大相径庭的，聚在一起谈天说地，倾诉着不同的人生故事。

茶器的各性不同，现代与传统相碰撞，韵味与典雅相统一，凑成了这次茶宴的主题。你在听谁的故事？什么故事又这么多？谁又说得清呢。

停靠的港湾

茶类　发酵茶
茶具　粉青、黑釉陶磁器

当我们心情疲惫的时候，想得到怎样的舒缓？
家，永远都是那个我们想要停靠的港湾。

于是，在某个冬日，逃避繁忙杂乱的工作，回
到那个令我们舒心的地方，铺展开茶席。莲花
池里浮起花叶，彻夜温茶，在茶汤诱惑下，思
绪更加清醒地活跃着，一边饮茶，一边思考我
们未来的方向所在。

坐在莲花池中喝茶，有静心的作用，而屏风下
的有叶无花枝条，也使茶席格调上升。

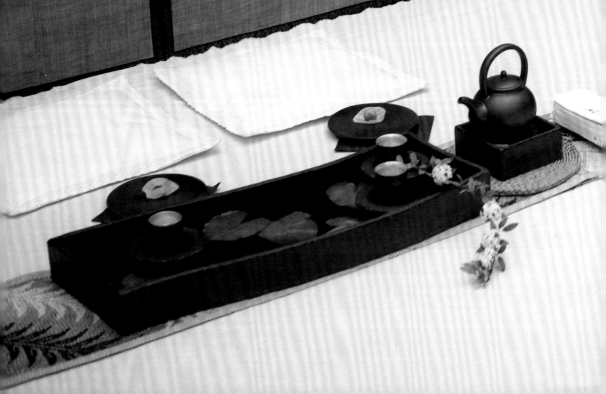

茶碗里花开了

茶类　抹茶
茶具　天目釉

抹茶的颜色又淡了，茶筅打过的青绿茶粉渐渐融入茶器之中，粗陶的茶盏里不再是澄清的茶汤，而是一碗水乳交融的浓茶。餐巾上的草编席是这粗野风格的原始回归，在古老的情致面前，你我都已微不足道。

天目抹茶茶碗的华美耀眼夺目，与黑色汤罐套具一起提升空间格调。W 花瓶里的茶花、长木板里的茶食，均是茶席摆设中极具魅力的装饰。

平安夜晚

茶类　黄茶、发酵茶
茶具　现代陶磁器

这是一个有颜色的夜晚，黄色的桌旗，红色的茶具，红色的茶花，还有银灰色的蜡烛。圣诞节花一品红代表节日的礼庆，庄严又富贵。

点燃烛火，在深红色的茶罐里泡上茶水，坐在幽静的茶席旁，度过一个无比虔诚而又宁静的平安夜晚。

最后的晚餐，喜悦的初始

茶类　红茶
茶具　白瓷

杯盘的纹样难逃圣诞的喜悦，茶花与餐巾遗留着节日的芬芳，放在中央摆设区的华丽烛台和其他摆件更使茶席熠熠生辉。

甜品更是佐茶的良配，丝丝甜腻浸润心头，这是这一年最后的晚餐，也是下一年喜悦的初始。

节日晚餐

茶类　红茶
茶具　英国红茶盏

年末的朋友们举杯邀宴，华丽的餐桌凸显女主人的精心雕琢。6人共享晚餐，红茶茶杯、碟子、银制茶壶与蜡烛等，每一件都精心准备，毫不逊色。

爱是奉献，也是享受，红色的耀眼与绿色的新生搭配一起，足见上帝的垂怜。餐巾上纹绣着圣诞树的纹样，昭示着节日的喜庆与吉祥。银质的烛台是你华丽生活的向往，纯洁的美在心头绽放。

找寻愉悦

茶类　红酒、代用茶
茶具　玻璃

"人生屡如此，何以肆愉悦"，怎样在枯燥乏味的生活中找寻愉快？转眼间的白驹过隙，一年又过去，所以，带着送走一年最后一个月的遗憾，饮尽杯中酒，敬一杯朋友，或许这就是生活。

黑色、红色、绿色与白色的搭配和谐统一，以华丽的红酒摆设来布置茶席，颇感温暖。

快乐圣诞节

茶类　代用茶
茶具　现代陶磁器

年末已至，新春就要来临，家家户户
开始置办节日的礼物。朋友们小聚一
堂品茶饮酒，香浓的茶点自是不可或
缺。装扮茶桌的颜色也如甜点一般香
甜醉人，红色的一品红鲜艳欲滴，插
上精心装扮的喜庆蜡烛，节日的气氛
也是分外的浓烈了。

茶桌的中央摆放着大家带来的礼物，
是懂得感恩的馈赠，是感情上不可遏
制的祝祷。茶杯选择成套的，可以是
黑色茶杯，也可以是白色茶杯，与茶
桌氛围均和谐搭配。茶杯里的茶水，
无论红茶、咖啡、绿茶或是其他饮料，
都可随心所欲。